河南省清洁取暖系列技术导则

河南省既有农房能效提升技术导则

（试行）

U0265963

河南省住房和城乡建设厅
2018 年 5 月

图书在版编目(CIP)数据

河南省既有农房能效提升技术导则:试行/河南省建筑科学研究院有限公司主编. —郑州:黄河水利出版社,2018.6
(河南省清洁取暖系列技术导则)
ISBN 978 - 7 - 5509 - 2068 - 2

Ⅰ.①河…　Ⅱ.①河…　Ⅲ.①农村住宅 - 采暖 - 节能 - 技术规范 - 河南　Ⅳ.①TU241.4 - 65

中国版本图书馆 CIP 数据核字(2018)第 141354 号

出　版　社:黄河水利出版社
　　　　　　地址:河南省郑州市顺河路黄委会综合楼 14 层　邮政编码:450003
发行单位:黄河水利出版社
　　　　　　发行部电话:0371 - 66026940、66020550、66028024、66022620(传真)
　　　　　　E-mail:hhslcbs@126.com
承印单位:河南瑞之光印刷股份有限公司
开本:850 mm×1 168 mm　1/32
印张:0.625
字数:16 千字　　　　　　　　　印数:1—2 000
版次:2018 年 6 月第 1 版　　　　印次:2018 年 6 月第 1 次印刷

定价:15.00 元

河南省住房和城乡建设厅文件

豫建〔2018〕72 号

河南省住房和城乡建设厅关于发布《河南省既有农房能效提升技术导则(试行)》的通知

各省辖市、省直管县(市)住房和城乡建设局(委),郑州航空港经济综合实验区市政建设环保局,有关单位:

为贯彻落实中央和省委、省政府加快推进冬季清洁取暖的决策部署,科学引导和规范我省清洁取暖建筑能效提升,有效指导清洁取暖城市试点工作,统筹城市与农村,兼顾增量与存量,从"热源侧"和"用户侧"实施清洁取暖,通过提高"用户侧"建筑能效,有效降低采暖能耗,减少居民采暖成本,实现热源"清洁供、节约用",形成"居民可承受"的持续清洁取暖模式。清洁取暖农村地区是难点,降低农房能耗是关键,为实现农村地区清洁取暖"用得上、用得起、用得好",我厅组织专业团队,深入调查研究,借鉴先进经验,总结实践做法,结合我省实际,编制了河南省清洁取暖建筑能效提升系列技术导则(试行),现将《河南省既有农房能效提升技术导则(试行)》(电子版可在河南省住房城乡建设厅网站下载,网址为 http://www.hnjs.gov.cn)予以印发,请在工作中参照执行。

附件:《河南省既有农房能效提升技术导则(试行)》

河南省住房和城乡建设厅
2018 年 5 月 14 日

前　言

　　为贯彻落实冬季清洁取暖决策部署,科学引导我省冬季清洁取暖项目建设,规范指导清洁取暖城市试点建筑能效提升工作,省住房和城乡建设厅组织河南省建筑科学研究院有限公司等单位,在深入调研、借鉴经验、总结实践的基础上,结合我省实际,编制了《河南省既有农房能效提升技术导则(试行)》《河南省城镇既有居住建筑能效提升技术导则(试行)》《河南省既有公共建筑能效提升技术导则(试行)》《河南省新建农房能效提升技术导则(试行)》《河南省清洁能源替代散煤供暖技术导则(试行)》等河南省清洁取暖系列技术导则;通过统筹城市与农村,兼顾增量与存量,提高建筑能效,降低采暖能耗,减少采暖成本,实现热源"清洁供、节约用",形成"居民可承受"的持续清洁取暖模式。

　　我省农房建设逐年增加,村民居住条件不断改善,但普遍存在建筑能耗大、能效低、围护结构热工性能差,用能形式简单,主要是散煤秸秆燃烧、电力、煤气等,散煤秸秆燃烧环境问题是难点,用电用气经济成本是痛点。为实现农村地区清洁取暖"用得上、用得起、用得好",我们编写了《河南省既有农房能效提升技术导则(试行)》,用于指导我省清洁取暖试点城市的既有农房能效提升,鼓励其他城市的既有农房参照执行。

　　本导则共6章3个附表,主要内容是:总则、术语、基本规定、节能诊断、能效提升方案、工程验收评估。

　　本技术导则技术内容由河南省建筑科学研究院有限公司负责解释。在执行过程中若有意见和建议,请及时反馈至河南省建筑科学研究院有限公司(地址:郑州市金水区丰乐路4号,邮编:450053,电话:0371 - 63943958,邮箱:jzynsbs@163.com)。

主编单位：河南省建筑科学研究院有限公司
参编单位：住房和城乡建设部科技与产业化发展中心
　　　　　河南省城乡规划设计研究总院有限公司
　　　　　鹤壁市推进冬季清洁取暖试点城市建设领导小组办公室
　　　　　河南省建筑工程质量检验测试中心站有限公司
　　　　　河南省绿建科技与产业化发展中心
参编人员：朱有志　梁传志　唐　丽　鲁性旭　杜永恒
　　　　　李　杰　程昌林　潘玉勤　刘幼农　肖　慧
　　　　　王　恒　易　立　代江涛　郭东晓　王　凤
　　　　　张照红　裴玉宛　刘　印　杨贵永　田海涛
　　　　　薛　辉　侯隆澍　王　林　王克阁　王红超
　　　　　王建兵　董金强　张　曦　毋　斌　秦明霞

目　录

1 总　则

1.0.1 为贯彻落实国家有关建筑节能的法律、法规和方针政策，推进我省清洁取暖工作，实现既有农房能效提升，制定本导则。

1.0.2 本导则适用于我省清洁取暖试点城市的既有农房能效提升。其他城市的既有农房能效提升可参照执行。

1.0.3 既有农房能效提升除应符合本导则的规定外，尚应符合国家现行有关标准的规定。

2 术 语

2.0.1 既有农房

在农村宅基地上已建成的用于农民居住的低层建筑,不包括多层单元式住宅和窑洞等特殊居住建筑。

2.0.2 既有农房能效提升

对既有农房围护结构、用能设备和系统进行节能改造,降低建筑能耗、提升建筑能效水平的活动,简称"能效提升"。

2.0.3 清洁取暖

利用天然气、电、地热能、太阳能、工业余热、清洁化燃煤、核能等清洁化能源,通过高效用能系统实现低排放、低能耗的取暖方式,包含以降低污染物排放和能源消耗为目标的取暖全过程,涉及清洁热源、高效输配管网(热网)、节能建筑(热用户)等环节。

2.0.4 节能诊断

依据国家及我省有关标准,对既有农房围护结构、用能设备和系统进行调查、分析及计算,确定围护结构热工性能、用能设备和系统现状的过程。

2.0.5 清洁取暖试点城市

为加快推进北方地区清洁取暖工作,从"热源侧"清洁化和"用户侧"建筑能效提升两方面开展清洁取暖试点改造,并通过财政部、住房和城乡建设部、生态环境部、国家能源局四部门组织的竞争性评审,获得中央财政奖补资金的城市。

3 基本规定

3.0.1 应根据节能诊断结果,从技术可靠性、可操作性和经济性等方面进行综合分析,同时应结合当地村庄和农房改造规划、地理位置、自然资源条件、传统做法以及农民的生产和生活习惯,因地制宜地选取技术经济合理的能效提升方案和技术措施。

3.0.2 能效提升应在不影响原有建筑结构安全、抗震性能、防火性能的前提下进行。

3.0.3 所用材料和产品应符合设计要求,其性能应符合现行国家标准的要求,严禁使用禁止或淘汰的材料和产品。

3.0.4 能效提升应以户为单位,建立清洁取暖相关档案,便于项目后期跟踪、评估与管理。

3.0.5 能效提升工程完工后,实施改造单位应向用户发放《节能改造后农房围护结构使用须知》,指导用户正确使用、维护和保养节能设施。

4 节能诊断

4.0.1 能效提升实施前,应进行节能诊断。节能诊断应采用现场调查和抽样检测的方法,且抽样比例不低于能效提升工程数量的10%。

4.0.2 既有农房能效提升现场调查表应按照附表 A 填写相应的内容。

4.0.3 节能诊断后应出具节能诊断报告,报告应包含下列内容:

    1 工程概况;

    2 现状调研;

    3 节能诊断结果。

5 能效提升方案

5.1 一般规定

5.1.1 应以"节约用、清洁供"为原则,因房而宜,科学选择改造技术路线,对建筑物耗热量指标影响大、改造工程量小的部位优先进行改造。既有农房能效提升技术路线可参考附表 B。

5.1.2 节能改造宜优先选用成熟的节能技术和产品。

5.1.3 能效提升方案应确定改造部位的材料、厚度等热工性能参数,并提升改造部位的构造措施和节点做法。

5.1.4 能效提升工程施工前应按照相关规定做好安全防护,并符合相关要求的规定。

5.2 围护结构

5.2.1 外墙、屋面保温性能不满足现行国家标准《农村居住建筑节能设计标准》GB/T 50824 的规定时,宜进行节能改造。节能改造应采用符合相关标准规定的保温系统和技术措施。

5.2.2 外窗的传热系数及气密性存在下列情况时,宜进行节能改造:

    1 传热系数大于或等于 4.7 W/(m² · K);

    2 气密性等级低于现行国家标准《建筑外门窗气密、水密、抗风压性能分级及检测方法》GB/T 7106 中规定的 2 级。

I 外 墙

5.2.3 外墙节能改造应采用符合相关标准规定的保温系统和技术措施。

5.2.4 外墙保温应根据农村生产、生活习惯,选择强度高、施工简便、造价可承受的材料和系统,优先选用挤塑聚苯板(XPS)、无机轻集料保温砂浆等外墙外保温材料。

5.2.5 外墙外保温系统节能改造应满足现行行业标准《外墙外保温工程技术规程》JGJ 144 所规定的相关技术要求。

5.2.6 外墙外保温系统和组成材料的性能应符合现行国家标准的规定。

5.2.7 采用外墙外保温系统时,施工前应检查墙体表面质量并做好以下工作:

1 清除墙面上的起鼓、开裂砂浆;修复原围护结构裂缝、渗漏,填补密实墙面的缺损、孔洞,修复损坏的砌体材料;修复冻害、析盐、侵蚀所产生的损坏;

2 清洗原围护结构表面油污及污染部分,采用聚合物砂浆修复不平的表面。

5.2.8 采用外墙外保温系统时,应做好屋檐、门窗洞口的滴水等构造节点的设计和施工,避免雨水沿外墙顺流,侵蚀破坏外墙外保温系统。保温层应做到散水处。

5.2.9 外墙室外地面至 1.8 m 处应采取双层玻纤网布等加强措施,防止撞击或磕碰造成的保温层破坏、失效。

Ⅱ 外门窗

5.2.10 外门窗节能改造应根据既有农房具体情况并综合考虑安全、节能、隔声、通风、采光性能要求。改造后门窗整体性能应符合相关标准的要求。

5.2.11 对外窗进行能效提升改造时可根据具体情况确定,可选用下列措施:

1 整窗拆除,更换为中空玻璃窗;

2 在窗台空间允许的情况下,在原有外窗的基础上增设一层新窗;

3 增设保温窗帘；

4 在原有玻璃上贴膜或镀膜。

5.2.12 单层外门可采取更换为保温门、加门帘、加门斗等措施。

5.2.13 更换新窗时,窗框与墙体之间的缝隙应采用高效保温材料封堵密实,并用耐候密封胶嵌缝。

Ⅲ 屋 面

5.2.14 屋面节能改造应符合现行国家标准《屋面工程技术规程》GB 50345 的规定。

5.2.15 屋面保温改造宜在原有屋面上进行,不宜改动原构造层。

5.2.16 平屋面表面平整、无渗漏,宜在原屋面上增设保温层和保护层,形成倒置式屋面构造形式,改造部位应符合现行行业标准《倒置式屋面工程技术规程》JGJ 230 的规定;如屋面渗漏,应修复后施工。

上人屋面临空处防护栏杆高度须满足相关标准的要求。

5.2.17 坡屋面节能改造宜优先增加吊顶,并在吊顶上铺设保温材料,保温材料的燃烧性能应满足现行国家标准《建筑内部装修设计防火规范》GB 50222 的相关要求。

5.3 供暖系统

5.3.1 热源选择宜按下列原则进行:

1 在技术经济合理的前提下,优先选用空气能、太阳能、浅层地热能、中深层地热能等可再生能源或清洁能源;

2 因地制宜地选用生物质燃料作为热源;

3 其他清洁能源形式。

5.3.2 供暖系统节能改造应符合相应技术标准的规定。

5.4 其他用能系统

I 照明系统

5.4.1 既有农房照明改造可选用以下改造方案：

1 更换节能灯；

2 有条件时，可利用太阳能作为能源进行照明系统改造。

II 生活热水系统

5.4.2 优先选用太阳能热水系统提供生活热水。

5.4.3 太阳能热水系统安装应符合现行国家标准《民用建筑太阳能热水系统应用技术规范》GB 50364 的规定。

6　工程验收评估

6.0.1　能效提升工程的质量验收应符合现行国家标准《建筑节能工程施工质量验收规范》GB 50411 的规定。

6.0.2　质量验收后,应对能效提升工程的实施情况进行型式检查。

6.0.3　能效提升应做到手续齐全,资料完整。型式检查应包括以下主要内容:

 1　能效提升方案及相应的设计文件;

 2　能效提升工程竣工验收报告;

 3　实施量核查,见附表 C;

 4　其他相关文件和资料。

6.0.4　型式检查后,应出具型式检查报告。

附表 A 既有农房能效提升现场调查表

项目地址		联系人		联系方式	
总建筑面积 （m²）		层数/层高		入住时间	

结构形式：木结构□ 砖混结构□ 石砌结构□ 框架结构□ 钢结构□

其他（请注明）：_____

		外围护结构现状：
围护结构	外墙	1. 基层墙体材料：实心黏土砖□ 空心砖□ 石材□ 土坯□ 木材□ 黏土□ 　　其他（请注明）：_____ 2. 基层墙体材料厚度（mm）： 3. 保温层材料：无□ 保温砂浆□ 泡沫混凝土□ EPS板□ XPS板□ 　　水泥珍珠岩砂浆□ 玻璃棉□ 其他（请注明）：_____ 4. 保温层厚度（mm）：
	屋面	1. 平屋面□ 坡屋面□ 2. 屋面结构层材料：预制混凝土板□ 现浇混凝土板□ 木屋架□ 　　其他（请注明）：_____ 3. 结构层材料厚度（mm）： 4. 保温层材料：无□ 炉渣□ 石棉板□ EPS板□ XPS板□ 稻壳□ 木屑□ 　　草料□ 其他（请注明）：_____ 5. 保温层厚度（mm）：
	外窗	1. 选用型材及玻璃：木框+单玻□ 木框+双玻□ 铝合金+单玻□ 　　铝合金+双玻□ 塑钢+单玻□ 塑钢+双玻□ 2. 开启方式：平开□ 推拉□
	外门	单层木门□ 双层木门□ 单层铝门□ 双层铝门□ 塑钢门□ 金属门□ 其他（请注明）：
用能系统	供暖系统	1. 取暖方式：家用分体空调□ 电采暖（电暖器/电炉，电热毯）□ 太阳能+地板 　　辐射□ 土暖气□ 火炉□ 燃池□ 其他（请注明）：_____ 2. 供暖（供冷）面积（m²）：　　　　供暖时间段： 3. 室内冷暖感受：很冷□ 稍冷□ 暖和□ 稍热□ 很热□ 4. 设备（系统）故障及质量问题：
	照明系统	1. 灯具类型：普通白炽灯□ 节能灯□ 其他（请注明）：_____ 2. 控制方式：手动开关□ 声控□ 光控□
	生活热水系统	1. 热水制备形式：太阳能□ 燃气□ 燃煤/秸秆□ 其他（请注明）：_____ 　　若为太阳能热水系统，热水器容量　　　　L 2. 系统破损或质量问题（系统"跑冒滴漏"等）：

附表 B　既有农房能效提升技术路线

序号		既有农房能效提升技术路线	传热系数 W/(m² · K)
方案 1	平屋顶 + 保温层 + 保护层	原有平屋面构造层 + 50 mm 挤塑聚苯板(XPS)保温层 + 保护层	0.54
方案 2	坡屋顶 + 保温吊顶 + 保温窗帘	屋顶:原有坡屋面构造层 + 室内保温吊顶(20 mm 保温材料) 外窗:增加保温窗帘	1.79/—
方案 3	外墙外保温 + 外窗	外墙:原有外墙 + 50 mm 挤塑聚苯板(XPS)薄抹灰系统 外窗:更换为塑钢普通中空玻璃窗(5 mm + 9A + 5 mm)	0.49/2.8
方案 4	外墙外保温 + 用能系统	外墙:原有外墙 + 50 mm 挤塑聚苯板(XPS)薄抹灰系统 用能系统:空气热能、太阳能、浅层地热能、中深层地热能、生物质能等设备和系统中的一项或多项	0.49
		计算模型用构造做法	
改造前	屋面	100 mm 钢筋混凝土板	3.07
	外墙	240 mm 多孔砖墙	1.99
	外窗	5 mm 铝合金单层玻璃窗	6.40

说明:1. 选取开间 15 m、进深 7 m 的一层既有农房为计算模型,墙体使用 240 mm 实心砖,无保温;屋面结构层为 100 mm 钢筋混凝土(平屋面和坡屋面);外窗采用铝合金单层玻璃窗。

2. 以上改造方案可满足最低指标要求,可在此基础上根据实际情况进行调整。

附表 C　既有农房能效提升实施量核查表

项目地址			联系人/联系方式	
总建筑面积 （m²）			改造建筑面积 （m²）	
设计单位			施工单位	

型式检查项目	改造部位	屋面□　外墙□　外窗□　外门□
	屋面	1.保温构造:平屋面倒置式保温□　坡屋顶室内保温吊顶□ 　其他□ 2.保温材料厚度(mm)：　　　导热系数(W/(m·K))： 　蓄热系数(W/(m²·K))：　　热惰性指标： 3.实施量(m²)： 4.其他说明：
	外墙	1.保温系统： 2.保温材料：XPS□　保温砂浆□　其他□ 3.保温材料厚度(mm)：　　　　导热系数(W/(m·K))： 　蓄热系数(W/(m²·K))：　　热惰性指标： 4.实施量： 5.其他说明：
	外窗	1.改造方式:拆除旧窗,安装新窗□　不拆除旧窗,加装一层窗□ 　加保温窗帘□　原窗玻璃上贴膜□ 2.改造所用配置：　　　传热系数(W/(m²·K))： 3.改造数量(包括外窗尺寸、樘数及所在朝向)： 4.其他说明：
	外门	1.改造方式:拆除旧门,安装新门□　加装门□　加门帘□ 2.改造所用配置：　　　传热系数(W/(m²·K))： 3.改造数量： 4.其他说明：

注: 1.本表中所涉及的单位名称须使用全称；

　　 2.进行现场核查时应收集齐全相关资料。